做个自然小侦探

荒野

揭开隐藏在田野、树林和海岸线的奥秘

[加] 佩吉·科查诺夫 文／图

李双燕／译

人民文学出版社 天天出版社

著作权合同登记：图字 01-2016-9636

图书在版编目（CIP）数据

荒野 /（加）佩吉·科查诺夫文图；李双燕译. -- 北京：天天出版社，2017.5
（做个自然小侦探）
ISBN 978-7-5016-1224-6

Ⅰ. ①荒… Ⅱ. ①佩… ②李… Ⅲ. ①自然科学—儿童读物 Ⅳ. ① N49

中国版本图书馆 CIP 数据核字 (2017) 第 050802 号

责任编辑：范景艳　**美术编辑：**王　悦
责任印制：康远超　张　璞

出版发行：天天出版社有限责任公司
地址：北京市东城区东中街 42 号　**邮编：**100027
市场部：010-64169902　**传真：**010-64169902
网址：http://www.tiantianpublishing.com
邮箱：tiantiancbs@163.com

印刷：北京利丰雅高长城印刷有限公司　**经销：**全国新华书店等
开本：889 × 1194　1/20　**印张：**2.6
版次：2017 年 5 月北京第 1 版　**印次：**2017 年 5 月第 1 次印刷
字数：26 千字　**印数：**1–8,000 册

书号：978-7-5016-1224-6　**定价：**26.00 元

目 录

动物粪便

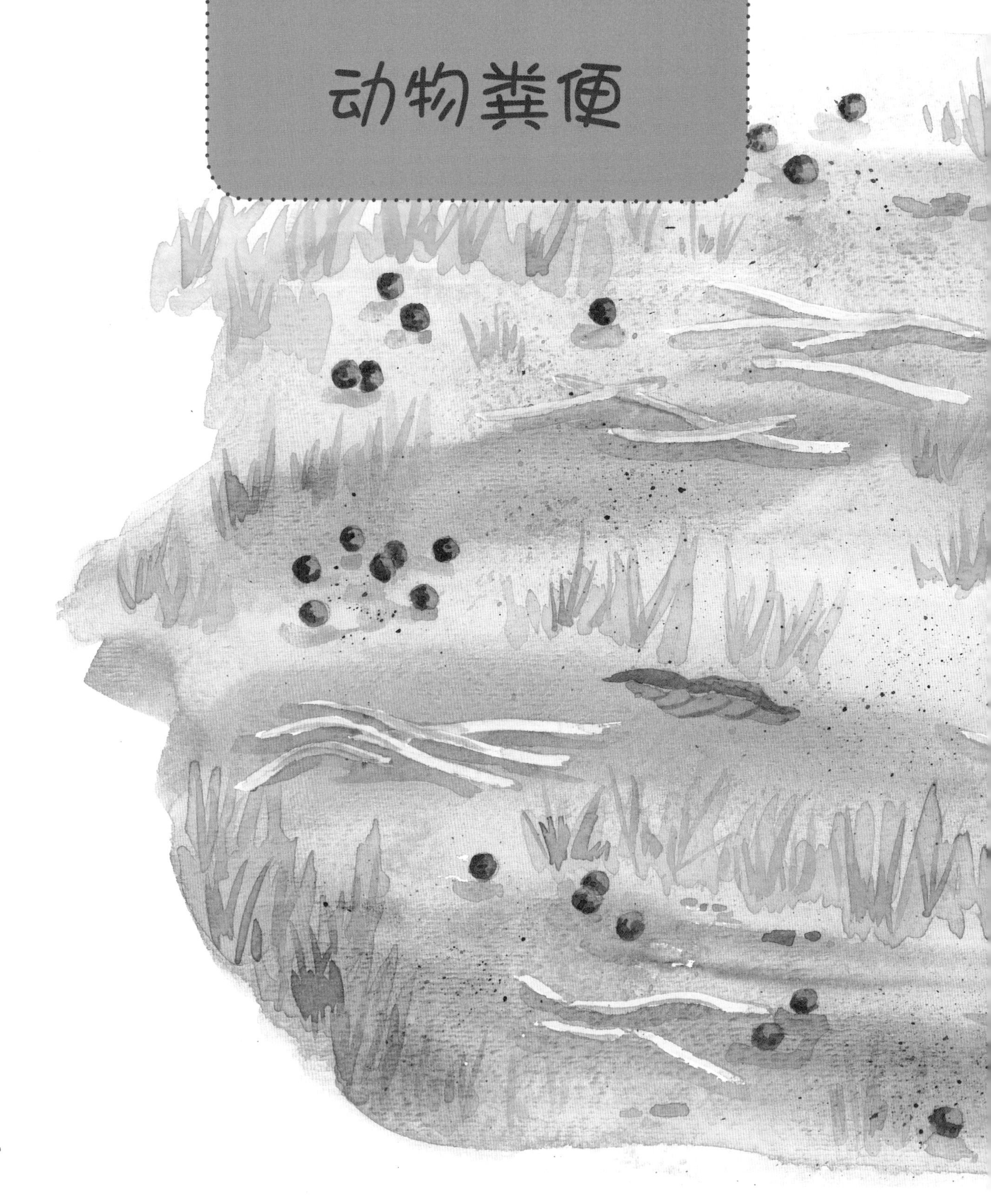

谁把便便拉到这儿了？

让我们走近它们仔细看一看，找一找答案吧。

你到户外活动时看到过野生动物的便便（科学家管它们叫“动物粪便”）吗？千万别觉得恶心，因为它们真的很有意思。不过，千万别用手摸，那里面可能会有病菌或虫子。通过辨别粪便，你就能推测出哪种动物从这条路上经过——也许就比你早几分钟。

棉尾兔和野兔的粪便是浅褐色的，像锯屑一样，稍扁平一点儿。野兔粪便的直径大约1.3厘米，棉尾兔的粪便更小一点儿。

臭鼬的粪便一般是黑色的，里面含有大量的虫子，粪粒大小适中，末端是平的，长3.8至5厘米，直径大约1.3厘米。

豪猪的粪便纤维比较多，因为它们主要吃树皮。粪便是许许多多的椭圆形丸粒，有些稍弯曲一点儿，有些由细线相连。经常会在树根或洞穴旁看到它们成堆的粪便，长1.9至2.5厘米，直径0.9厘米。

狐狸和郊狼的粪便末端比较尖，通常带有好多毛发、虫子残块和骨头（尤其是在秋天和冬天）。狐狸的粪便长5至10厘米，直径1.1厘米。郊狼的粪便长5至12.7厘米，直径1.9厘米。

浣熊的粪便长达7.6至15.2厘米，不过经常会断，直径1.9厘米。它们的粪便有好多种颜色，还能看到里面有种子或虫子的残块。

鹿的粪便是黑色的圆柱状丸粒，一端尖尖的，另一端或平或凹。一处粪便通常会有20至30粒，长1.9至2.5厘米，直径0.9厘米。

秘密解开啦！

瘿

一些植物上长出来的疙疙瘩瘩的东西是什么？

让我们走近它们仔细看一看，找一找答案吧。

它们叫作瘿，可神奇啦！

蓝莓茎上的瘿（来自瘿蜂）

苹果状的栎瘿（来自瘿蜂）

樱桃树上的黑节疤瘿（来自真菌）

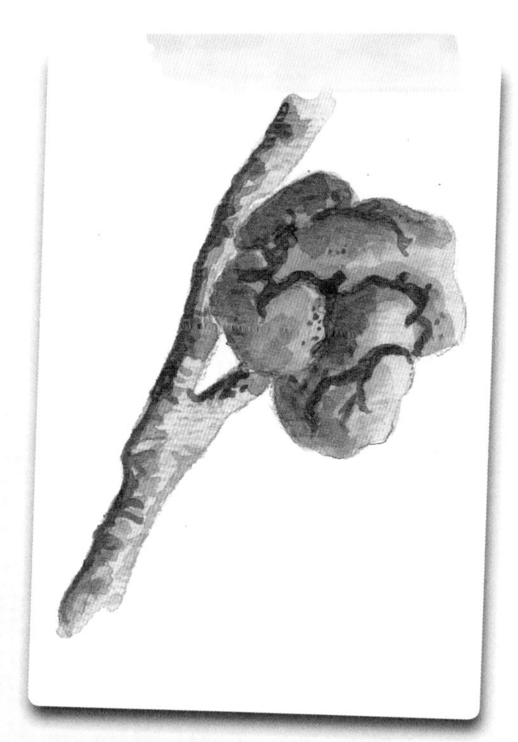
凸出的栎瘿（来自瘿蜂）

柳树上花瓣状的瘿（来自柳瘿蚊）

杨树上钱包状的瘿（来自杨树瘿绵蚜）

针形犬蔷薇瘿（来自瘿蜂）

这些畸形生长物是由各种寄生虫分泌的化学物质刺激植物组织引起的。寄生虫有摇蚊及其他蝇类、瘿蜂、蚜虫、螨、线虫、细菌和真菌孢子。

昆虫将卵排在植物的叶子、茎、花蕾或小树枝的里面、外面。**幼虫**孵化后，就会刺激周围的植物组织膨胀（就像你扎了一根刺，皮肤会肿起来一样），长成了怪模怪样的特殊形状。瘿能够保护幼虫抵御天气变化和捕食者，而且还能提供食物。幼虫长大后，会在瘿上钻洞而出。

当瘿是由真菌产生时，空气中的湿气、造访的昆虫，甚至修剪刀都会引起新孢子的释放，它们也会找到新的植物宿主。

因为瘿是在植物的特定部位形成的，其对植物的伤害有限，不会遍布植物全身。整棵植物的生长不受影响。

云杉菠萝状瘿（来自蚜虫）

麒麟草串瘿（来自摇蚊）

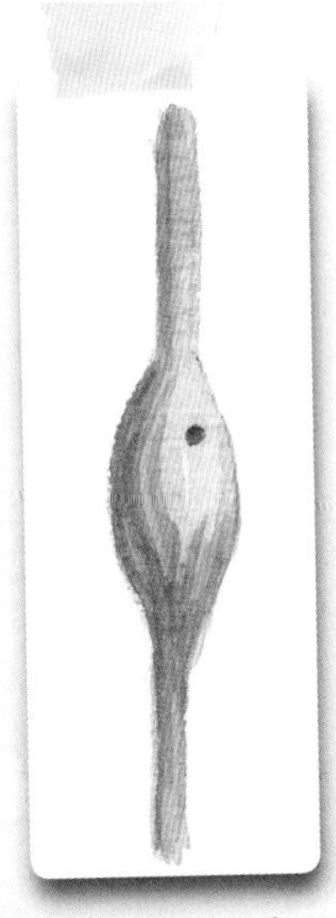

麒麟草椭圆瘿
（来自蛾子）

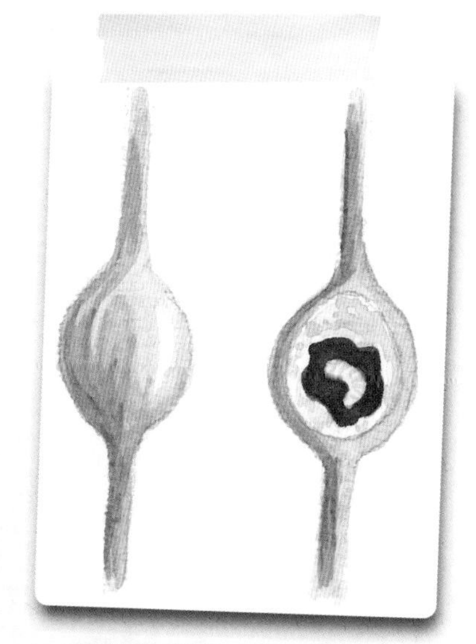

麒麟草球瘿（来自苍蝇）

柳树球果瘿（来自小昆虫或摇蚊）

枫叶锭瘿（来自螨虫）

秘密解开啦！

龟形虫

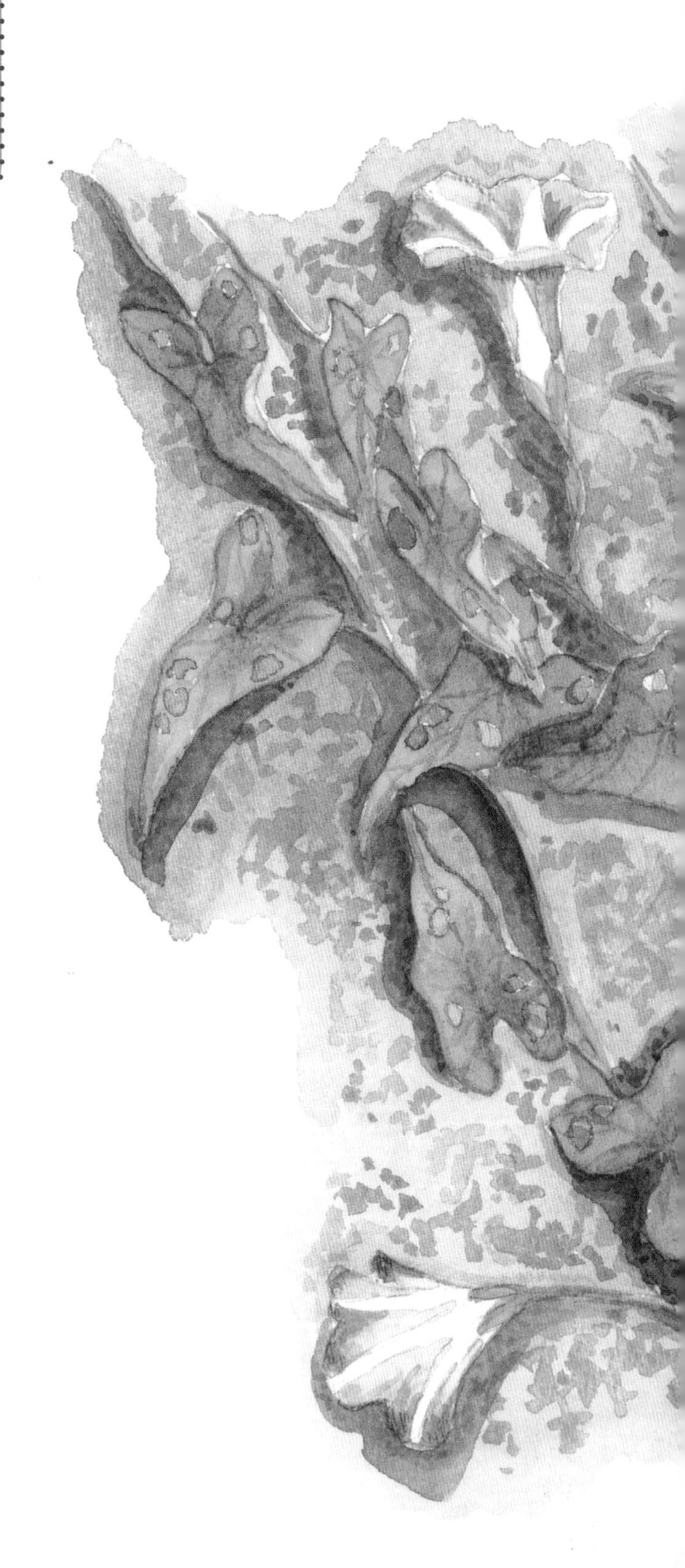

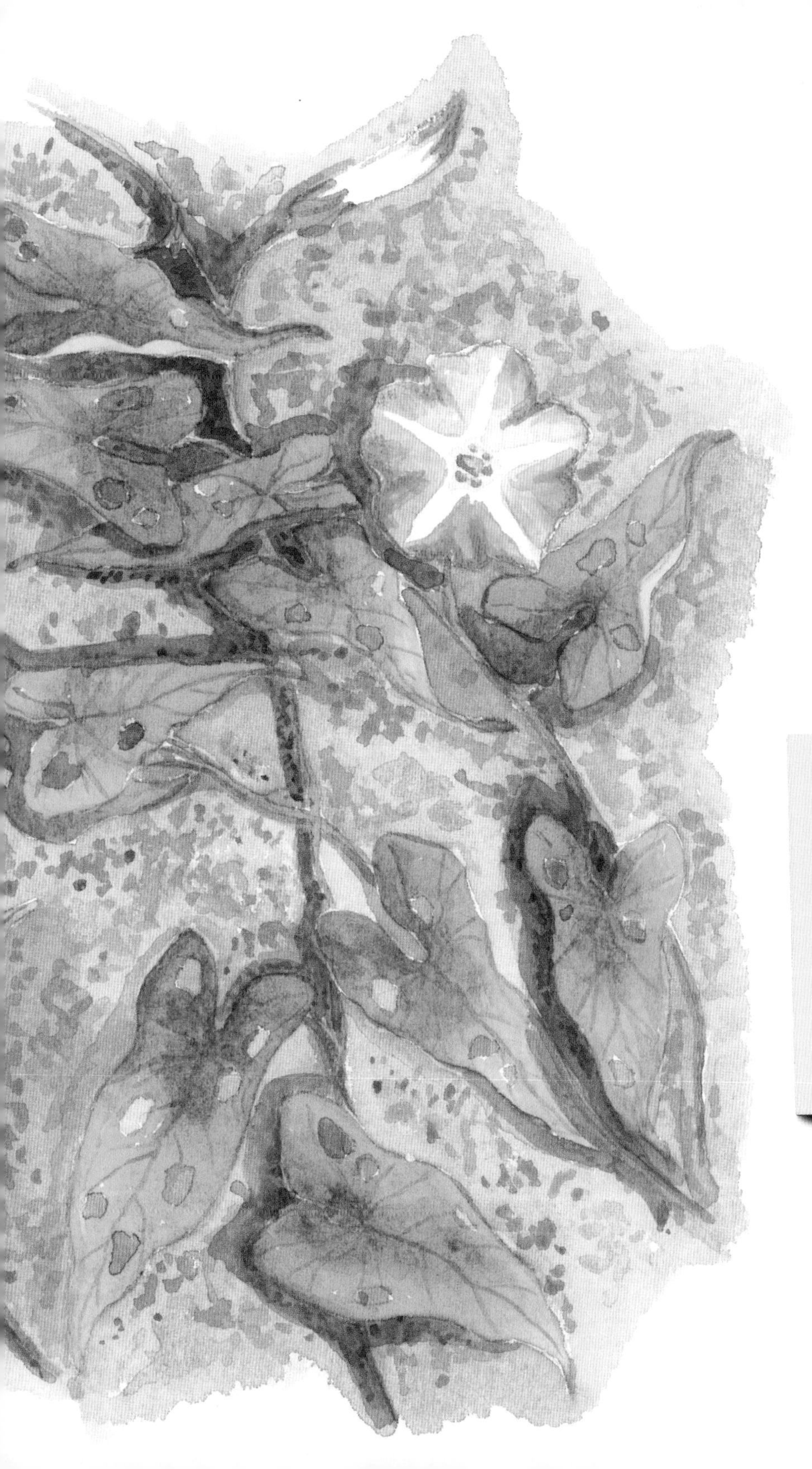

野生牵牛花（田旋花）叶子上的小洞是谁咬的？

让我们走近它们仔细看一看，找一找答案吧。

这是龟形虫！你通常可以在牵牛花、红薯和其他有管状花及藤蔓植物大家族的叶子上找到成虫和幼虫。田旋花是最容易发现龟形虫的。

龟形虫的成虫是漂亮的金黄色，在阳光下闪闪发光；幼虫是黄褐色的，有的是棕色。它们不断地在叶子上咬出洞来。它们背上有钩子，可以收集一小部分自身脱落的外皮和便便。遇到捕食者时，它们就把这些织成棕色的大团，把敌人吓跑。你可以用手指轻轻摸一摸这个团，看看它是怎么织的。

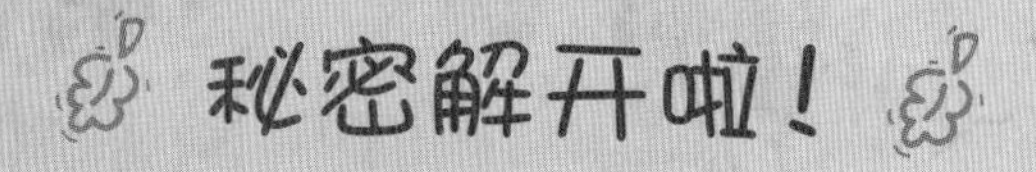

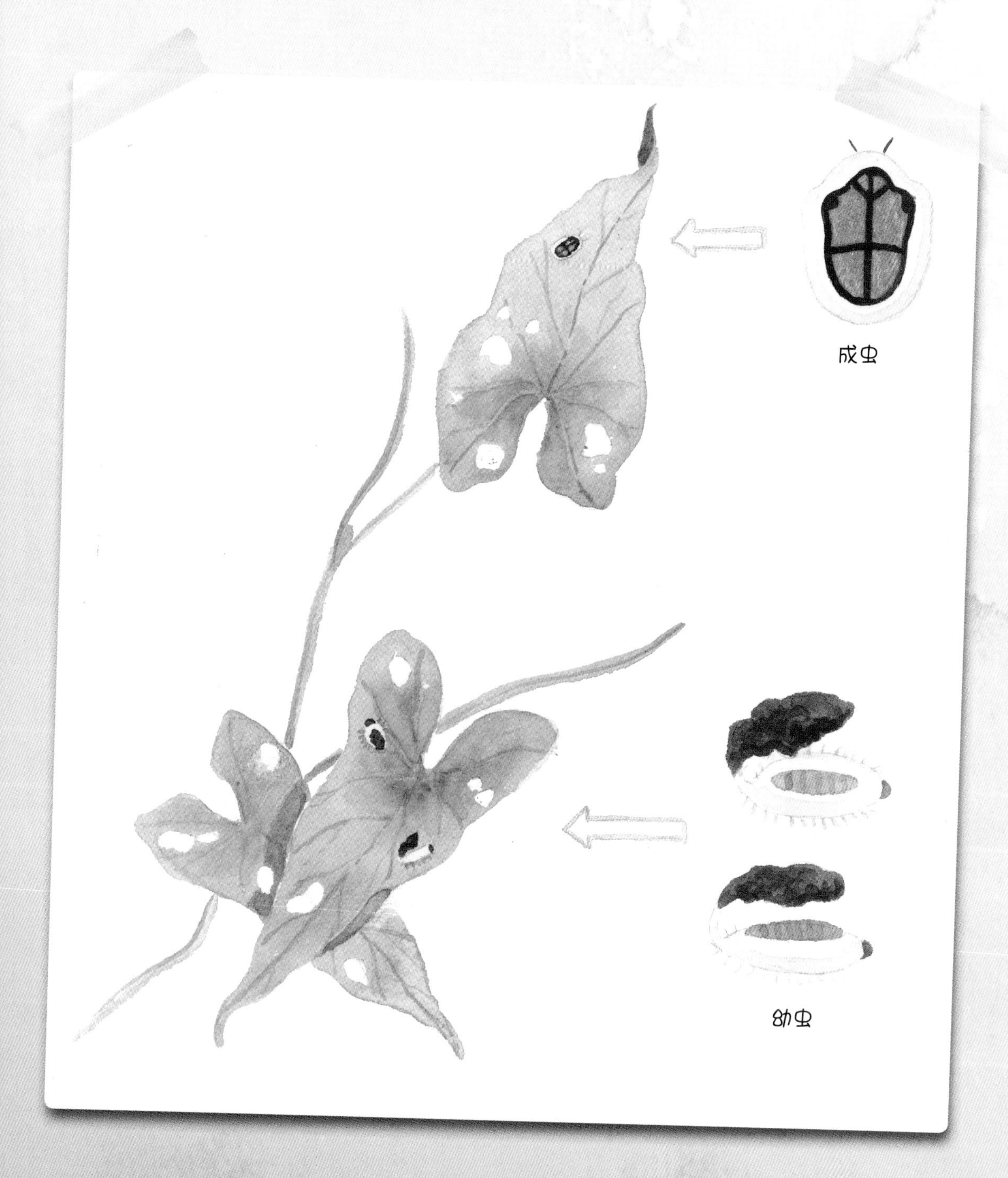
成虫
幼虫

过冬

冬天我们都穿得厚厚的，那些可怜的动物怎么办呢？

让我们走近它们仔细看一看，找一找答案吧。

随着冬季严寒天气的来临，许多动物的食物来源都减少或被切断了。如果它们不迁徙，就要学会适应目前的环境，它们采取的方式还挺多。

一些**哺乳动物**，比如鹿、狐狸、河狸和麝鼠，像往常一样生活，但它们长出了厚厚的皮毛可以御寒。皮毛内有一层空气绝热层，能保持体温。

而一小部分哺乳动物则会冬眠，比如地松鼠、跳鼠、土拨鼠和好多蝙蝠。

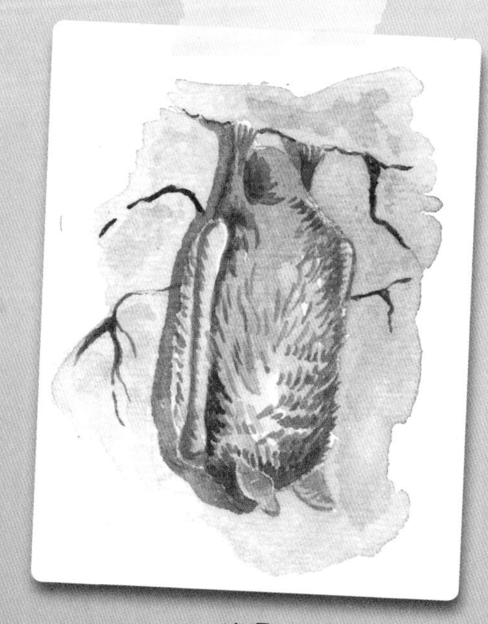

蝙蝠

土拨鼠

真正**冬眠**时，动物的体温会下降到几乎与外面的环境一样低，心跳和呼吸也大幅度放慢。由于它们不活动，冬眠动物几乎不需要多少食物，靠着秋天增加进食储存的能量熬过去。冬眠动物对触摸不敏感，温暖的春天最终会把它们唤醒。

浣熊

其他哺乳动物进入**休眠**状态后，它们的温度和新陈代谢虽然放慢了一些，但仍然对触摸比较敏感，冬雪融化时也会偶尔醒来进食。

这些动物包括熊、负鼠、臭鼬、浣熊、獾和花栗鼠。

熊

帝王蝶（黑脉金斑蝶）

昆虫过冬的方式有很多种。成年帝王蝶会迁徙到温暖的地区过冬。

纺织娘卵

其他昆虫以卵越冬，成年昆虫通常在产下卵后死亡。纺织娘沿叶子边缘产卵，螳螂卵在坚硬的卵鞘中幸存下来，而蚱蜢和蟋蟀的卵则生存在土壤中。

灯蛾毛虫

一些昆虫以幼虫的形态越冬，比如灯蛾毛虫。它藏在枯叶中，在冬天暖和的日子里，可能还会活动活动。

一些蝴蝶和蛾子以**蛹**的形态存活下来，蛹附着在树枝、森林地表或地下。

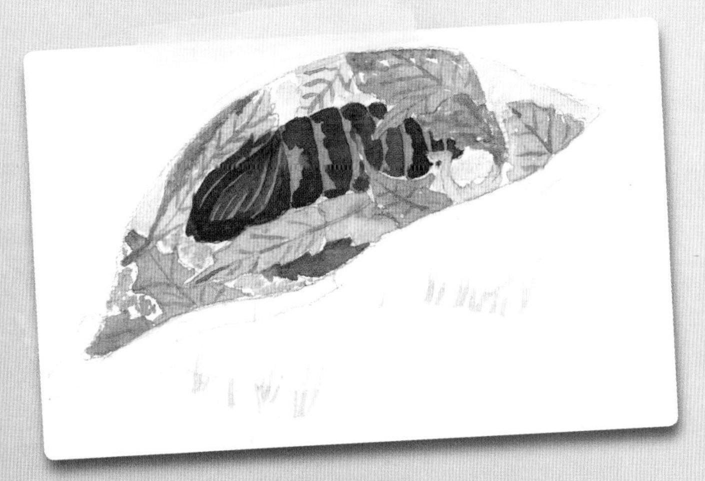

燕尾蝶蛹

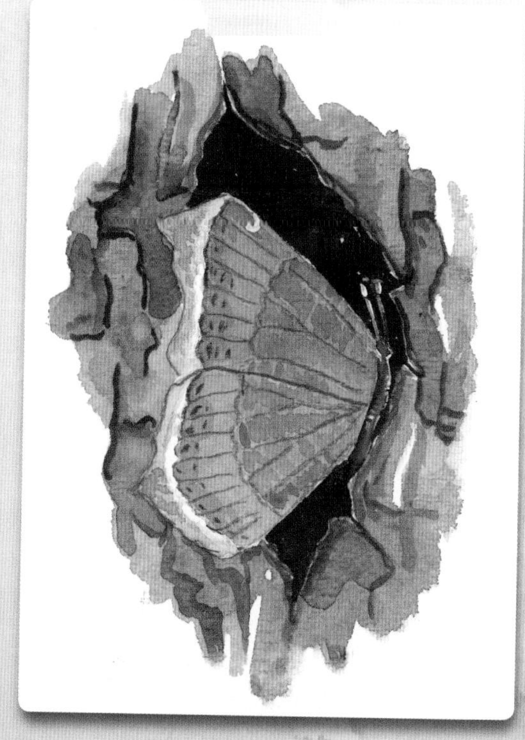

黄缘蛱蝶

其他昆虫以**若虫**的形态存活在水中，比如蜉蝣、石蝇和蜻蜓。

蜻蜓

还有些昆虫以成虫的形态越冬。黄缘蛱蝶藏在树木的裂缝中，皇后大黄蜂藏在地下洞穴中，瓢虫大量堆在可以藏身过冬的石缝或砖缝里，蚂蚁挤在地下深处，所有这些昆虫的身体里都有防冻化学物质。

冷血的爬行动物和两栖动物也冬眠。它们的体温几乎降到冰点，心跳非常缓慢，能通过皮肤从水中吸入氧气。有些动物的血液中还进化出一种含糖防冻剂，保护内脏器官不被冻结。

绿蛙

蟾蜍躲在地下洞穴里，豹蛙、绿蛙和一些乌龟躲在湖泊和池塘下面的淤泥里。

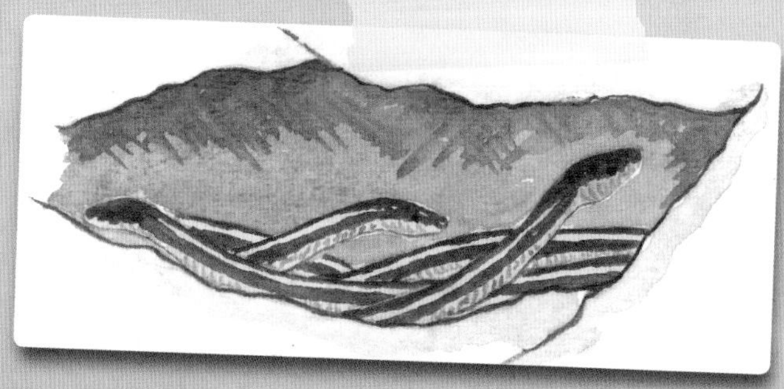

束带蛇

蛇在秋天吃好多食物，增加体内脂肪。到了冬天，大量的蛇盘在一起，待在土壤**冰冻线**以下的洞穴里。

一些鱼，比如黄色大头鲇鱼，把自己埋在湖底和池底；其他一些鱼，比如鲈鱼、黄鲈和驼背太阳鱼则紧贴池底悬着，几乎一动不动。

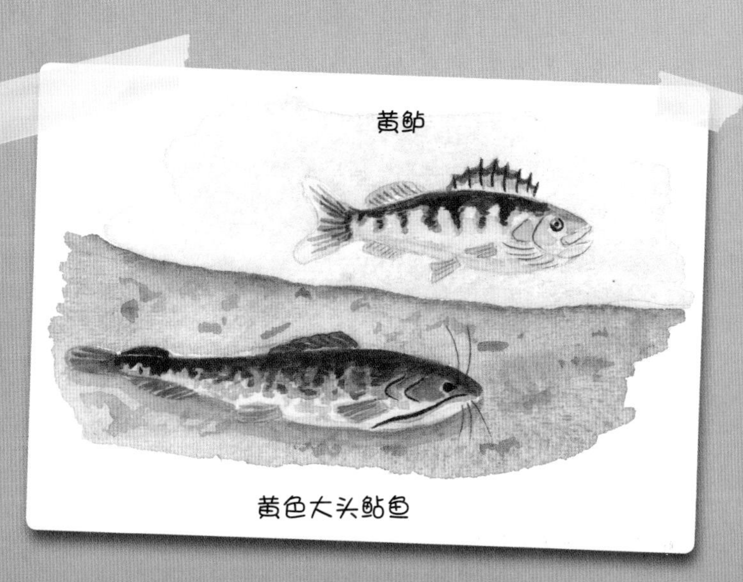

黄鲈

黄色大头鲇鱼

黑额黑雁

山雀

大多数的鸟迁徙到南方，以躲避北方的寒冬。

为了保暖，一些鸟展开羽毛，形成一个隔热的空气层保暖，而其他一些鸟则蜷缩在一起取暖。

北美红雀

那些留下来的鸟则以种子、浆果、冬眠的昆虫、昆虫卵和无机物为生。看着鸟儿在喂食器旁边吃食，真有趣！

秘密解开啦！

树的年轮

树桩上一圈圈的是什么？它们是怎么长出来的?

让我们走近它们仔细看一看，找一找答案吧。

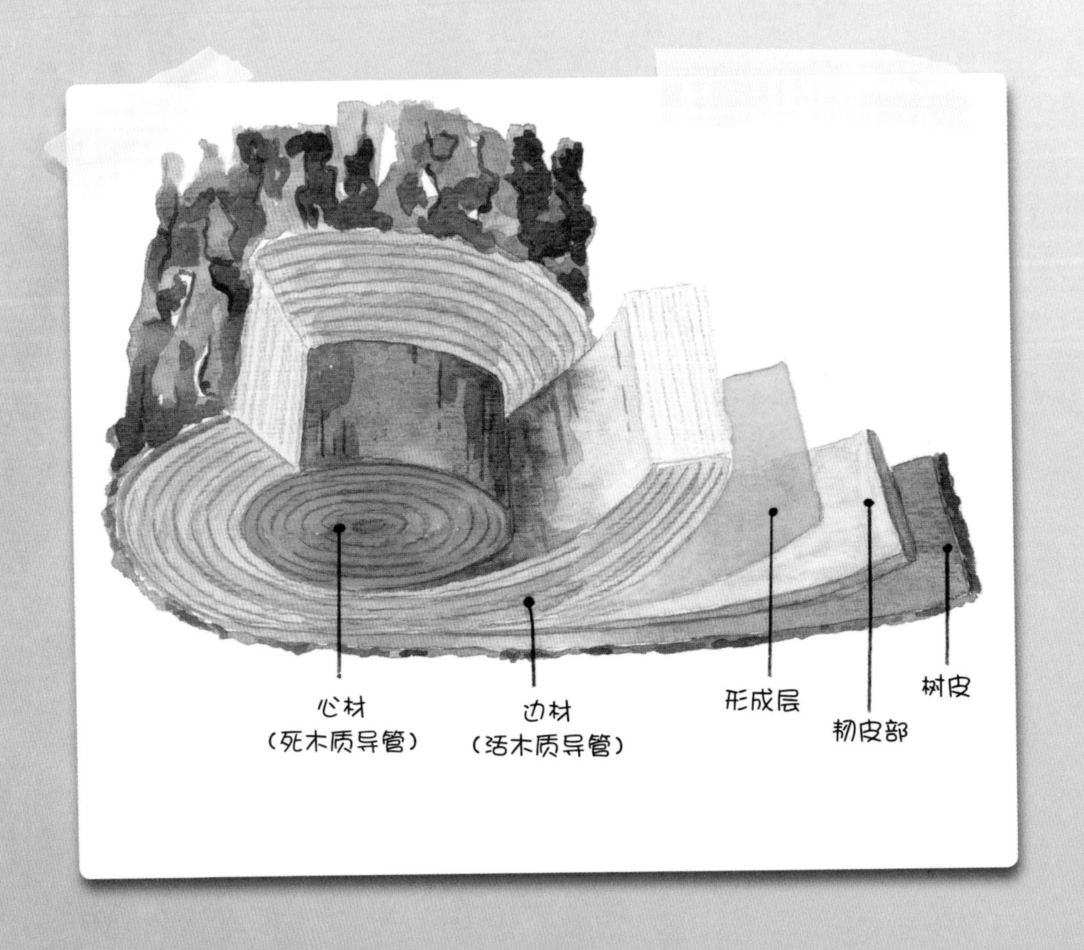

你可以找一个树桩，从外向内一层层来看。最外面是树皮，保护大树免受害虫、过剩的水量、高温、严寒和火烧的侵害。

紧挨着树皮的是**韧皮部**细胞，由一些管状活细胞组成的筛管把叶子在**光合作用**过程中产生的有机物输送到树枝、树干和树根。

形成层只有几个细胞那么厚，在显微镜下才能看见。这一层非常重要，因为它向外生成韧皮部细胞，向内生成**木质部**细胞。

木质部的管状死细胞组成导管，把水分和无机盐从树根输送到树叶和其他部分。冬末春初，木质部导管把糖分（由根部储存的淀粉转化而来）输送到树的所有部分（更多关于槭树中糖分的信息请参见第36页）。

木质部细胞形成了你所看到的年轮。春天生长环境最适宜、最潮湿时，木质部细胞较大，壁较薄，颜色较浅；夏天较为干燥时，这些细胞变得更小，壁更厚，边缘颜色更深。这些深深浅浅的细胞合在一起就形成了年轮，茁壮成长时形成的年轮比较宽，生长缓慢时（由于环境恶劣）形成的年轮比较窄。

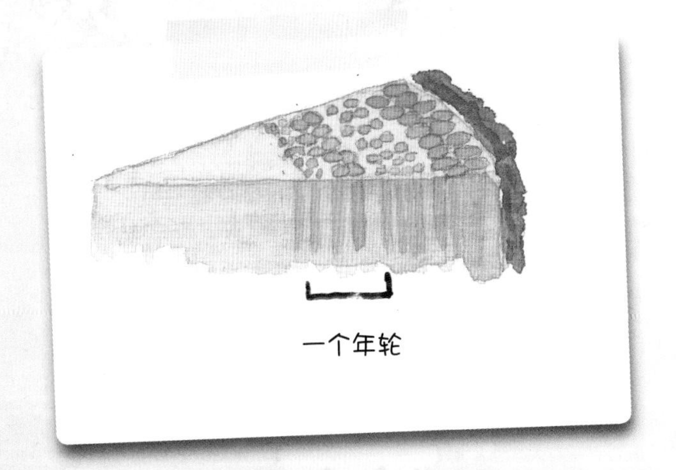

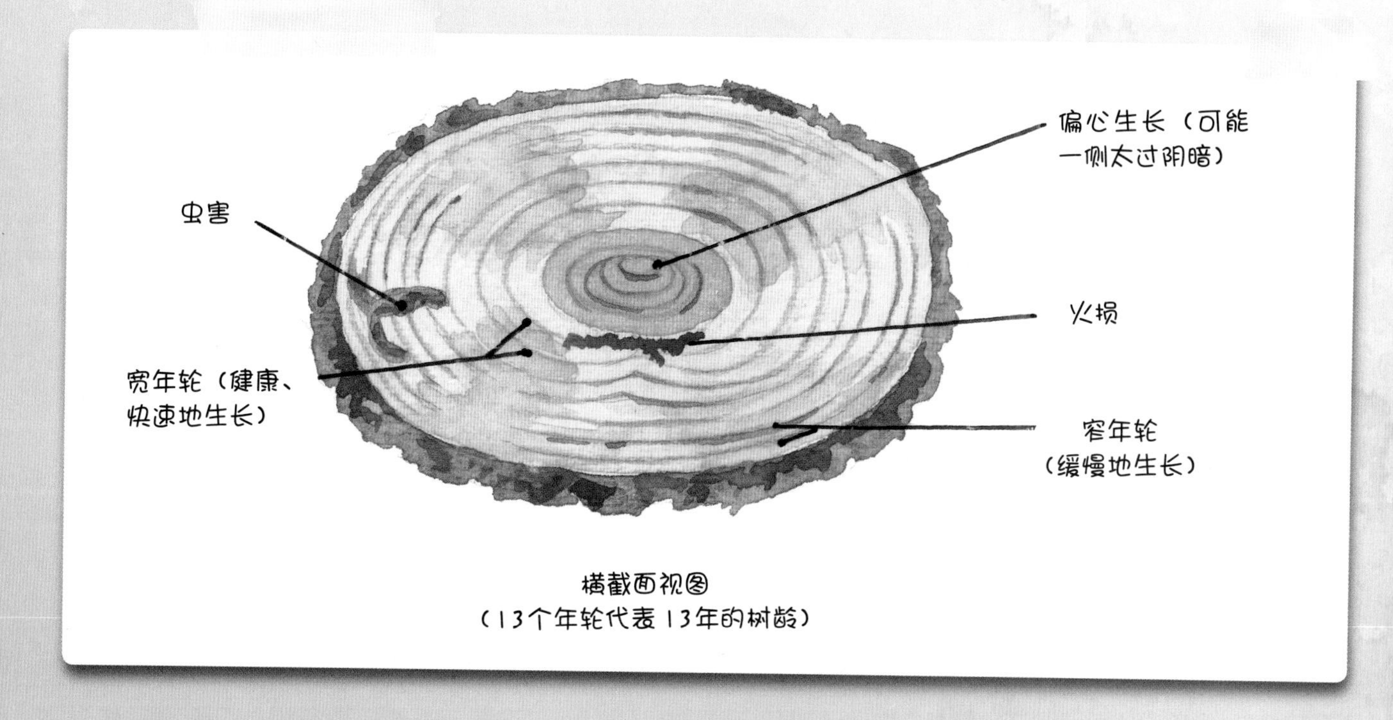

横截面视图
（13个年轮代表13年的树龄）

秘密解开啦！

地衣

树上和岩石上长了一些奇怪的东西，这是怎么回事？

让我们走近它们仔细看一看，找一找答案吧。

那种奇怪的东西是地衣，它们实际上是由两种有机物藻类和真菌组成的。它们生活在一起，这种相辅相成的关系叫作“**共生**”。藻类（非常微小）是一种简单的植物，通过光合作用制造养分；真菌为藻类提供生长之地，它们像海绵一样收集水分和无机盐，为藻类挡住强烈的阳光和劲风。地衣生命力很强，从南极到北极，无论酷热还是严寒，在雪底下、炎热的沙漠、岩石和树上，到处可见。虽然地衣可以靠风带来的水和营养物生存下来，但它们大多经不住大气污染。

柘萝

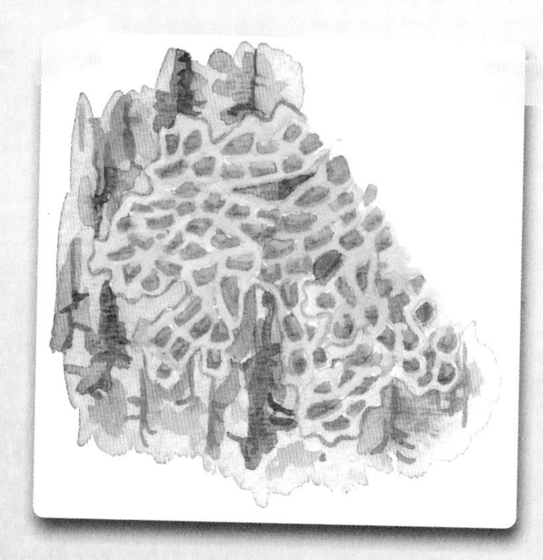

叶状地衣

壳状地衣

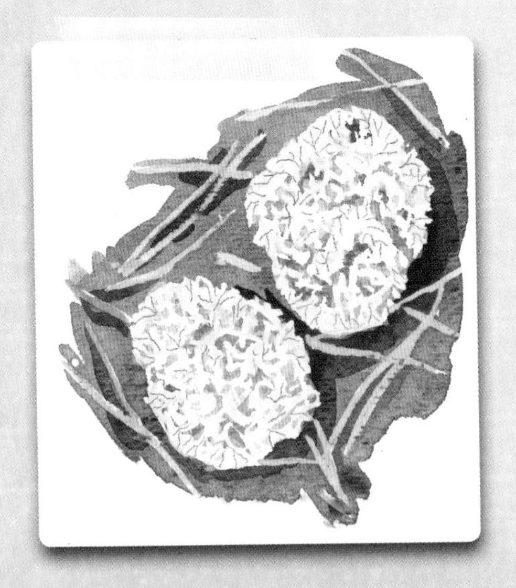

石蕊

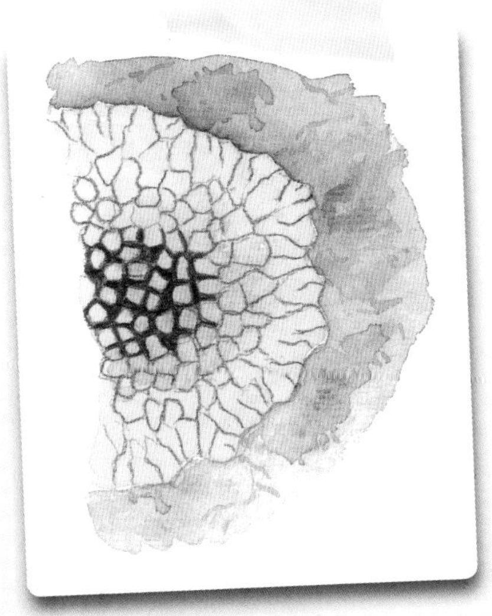

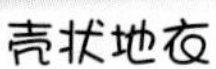

壳状地衣

红果石蕊

叶状地衣

精灵茶盏状地衣

地衣的重要性之一在于它们的开拓性，实际上是它们创造了土壤。它们是光秃秃的岩石表面上生长起来的第一种生命形态。由于它们分泌的酸性物质和枯萎时的收缩运动，使小块的岩石慢慢粉碎，形成土壤。这需要很长的时间，因为大多数地衣一年只生长1.3厘米，但是多年以后，就为其他植物的生长积累了足够的土壤。

地衣的种类多达1500种，形状、大小和颜色各异。有些比较坚硬，还有些像叶子，其他的是带柄的特殊形状。

秘密解开啦！

槭树液

我们怎样才能得到槭糖浆，会伤到槭树吗？

让我们走近它们仔细看一看，找一找答案吧。

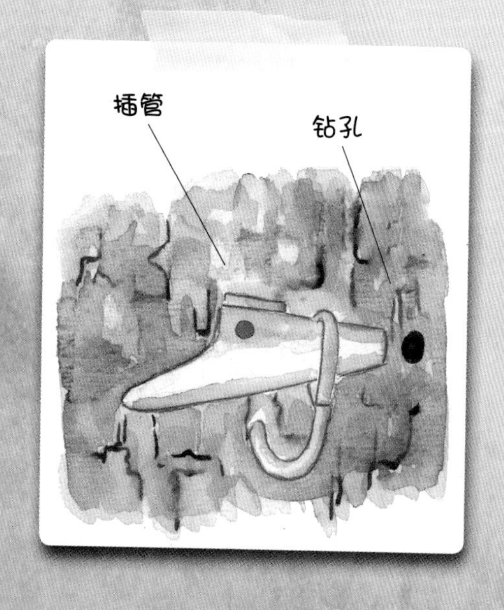

所有的槭树（包括一些桦树和胡桃）都有甜甜的树液，可以用来制造糖浆，其中糖槭的产量最高，树液最甜。

槭叶长在槭树上时，它们通过光合作用就能产生糖分，然后韧皮部的筛管把糖分从树叶输送到树枝、树干和树根。槭叶枯落后，大量未利用的糖分会以淀粉的形式储存在根部。冬末春初，淀粉又变回水溶性的糖，以树液的形式从根部通过木质部的导管输送到其他部分中。

在正常的生长季，木质部把水分和营养物质从根部输送到树叶和大树的其他部分。树液中的糖含量在冬末春初之季达到最高，槭树需要这些营养长出新的嫩芽、树叶和树枝。

提桶挂在插进去的插管下方

人们制造槭糖浆时，需要用11毫米宽的钻头在槭树干上钻出一个5至7.5厘米深的孔，内部的一端稍微向上（为了排出树液），然后立即插上一根**插管**。槭树干四周离地面60至150厘米以上的位置都可以钻孔、插上插管，孔之间至少距离15厘米。在插管下方挂上一个桶，盖上盖子，以便挡住碎屑。现代糖浆生产商通常会用塑料管系统而不是用提桶把树液运到中心处理点，节约了大量的人力。

带盖子的提桶

已在木质部愈合的钻孔的横截面视图

钻孔不会伤到槭树，因为钻孔的人只取走槭树年产槭糖的10%，而且他们不会在直径小于25厘米的槭树上钻孔。

钻孔的确会影响相邻的木质。边材（活木质的导管）会变干枯死，长度等于孔的深度，并且比相邻的木材稍宽一些。枯死部分会在钻孔的上下方延伸2.5至5厘米。在新木材长出之前，这一块不能再钻孔，大约需要1至2年时间才能愈合。

无论树液是怎样收集的，它要在收集之后的24小时之内煮沸。由于151升的树液要生产出3.7升的糖浆，所以需要蒸发大量的水分。如果你有一棵糖槭，可以收集一些树液尝尝甜不甜，然后熬一段时间，浓缩之后再尝一尝。味道棒极啦！

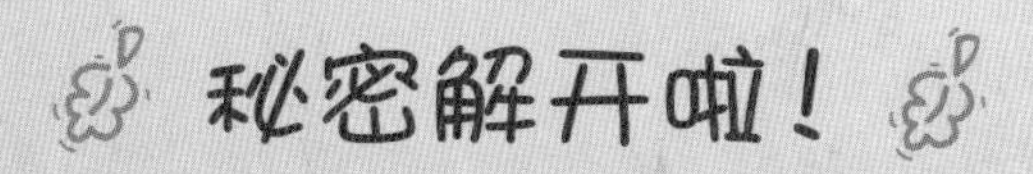

萤火虫

为什么萤火虫会发光但不会变得像电灯泡那样热？

让我们走近它们仔细看一看，找一找答案吧。

萤火虫实际上是一种甲虫，把能量转换成光的有效率高达92%以上。而普通白炽灯泡的有效转化率仅仅为10%，这意味着90%的能量都转化成热量释放了。萤火虫能产生一种“冷光”——一种叫作荧光素的有机物和一种叫作荧光素酶的**酶**相互反应，与氧气一起在萤火虫和其他一些昆虫，如海洋生物、虫子等身上产生冷光。冷光可以是黄色、浅绿色或浅红色。大多数萤火虫发出一种黄绿色的光，但有些种类也发出其他颜色的光。

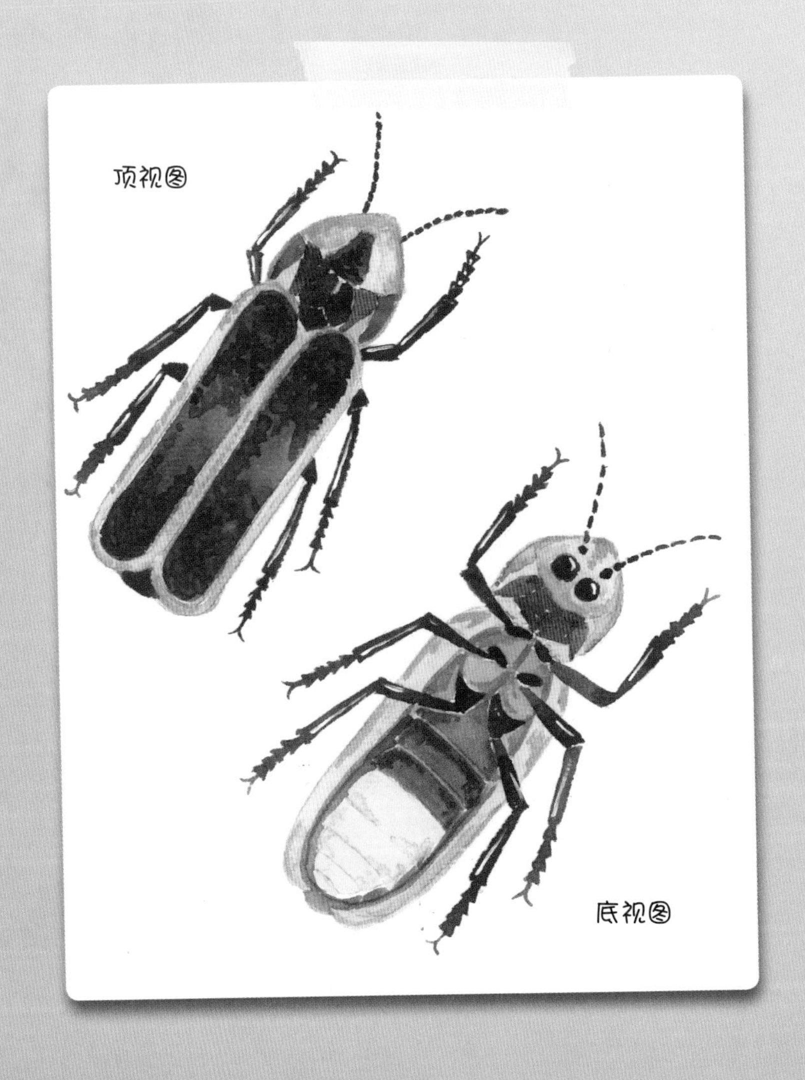

温暖的夏夜，你可以在修剪得不太短的草地上，寻找闪光点。这一闪一闪的光是雄萤火虫发出的求偶信号。雄虫飞在空中，飞向地上的雌虫。一旦雌虫发现了跟自己同类的闪光，就会发光应答。萤火虫发光的方式在很多方面都不同，比如它们夜晚发光的时间、发光的长度、发光之间的间隔、发光的次数和颜色。萤火虫能使用这些漂亮的闪光在晚上找到彼此，真是太不可思议啦！

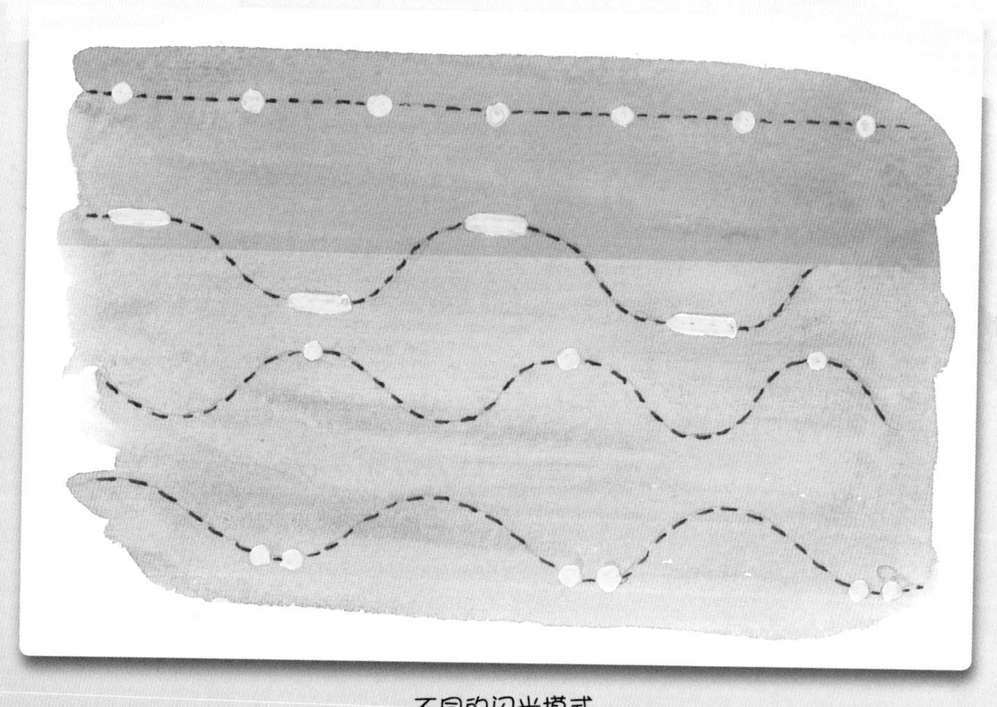

不同的闪光模式

秘密解开啦！

潮汐

潮汐是什么引起的？

让我们走近它仔细看一看，找一找答案吧。

月亮在离地球这个行星最近的一侧引力最强，从而使那一侧的海水涨高。同样，地球本身受到来自月亮的引力比离月球最远一侧的海水受到的引力要强，这种牵引力使地球远离那里的海水，从而又引起另一个涨潮。

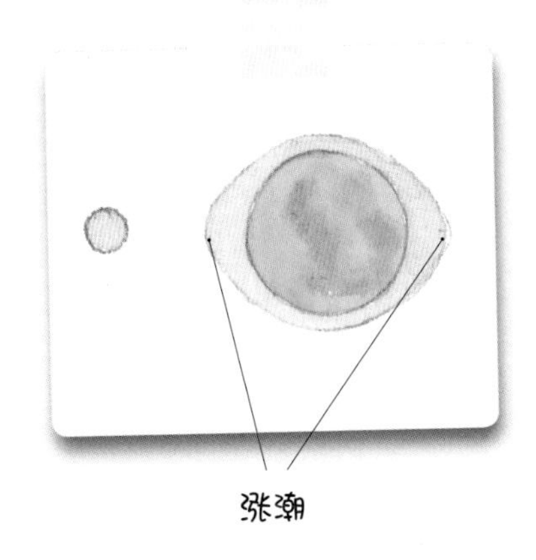

像月亮一样，太阳的引力也会在海水中引起两次涨潮，但是由于太阳的距离非常遥远，它引起的涨潮还不到月亮引起的涨潮大小的一半。在新月（如图所示）或满月（在地球背对太阳的一侧）期间，太阳和月亮在一条直线上，又引起新的极高的**“大”潮**（其名与季节无关）。

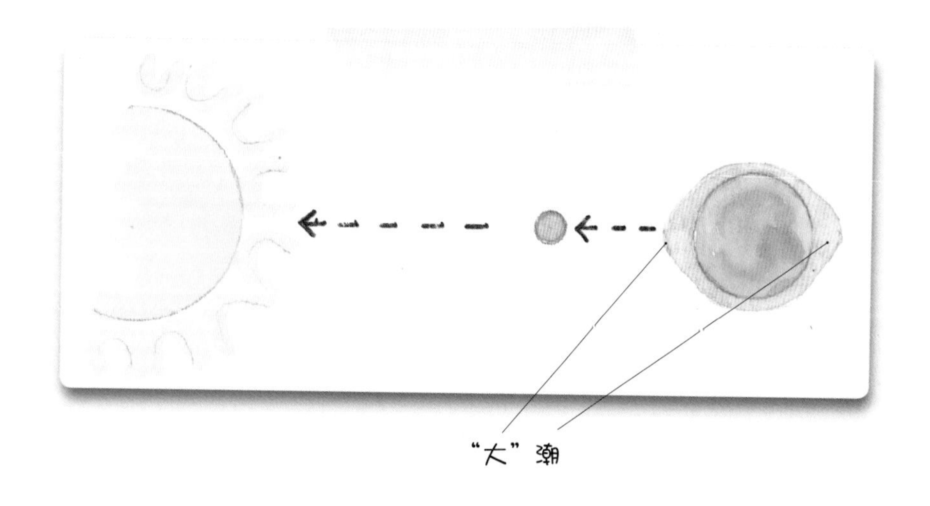

当太阳和月亮彼此成90°直角（弦月期间）时，太阳较小的引潮力抵消了月亮的引潮力，从而产生了更低的**“小”潮**。

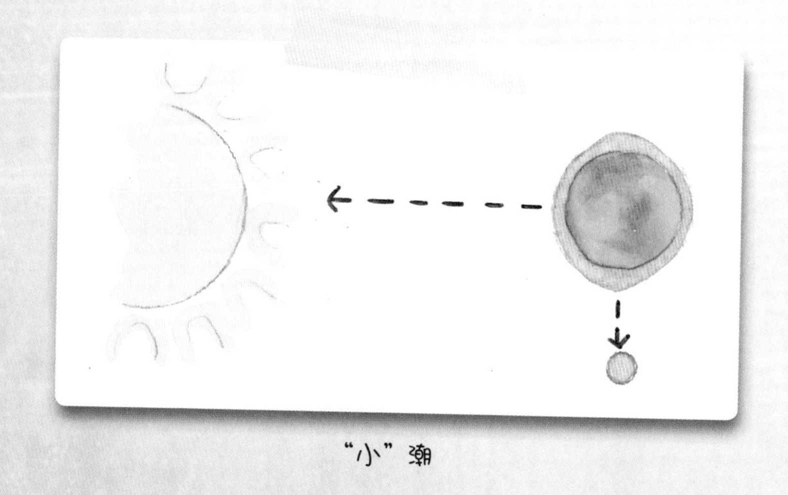

“小”潮

在大多数地区，每天有两次高潮和两次低潮。涨潮与月亮步调一致，因为地球每24小时自转一圈，而月亮每27天绕地球一圈，从而使得涨潮按照月亮的时刻表发生，每天推迟50分钟。由于一天之内有两次高低潮，两次高潮间隔大约12小时25分钟，低潮间隔时间也一样。

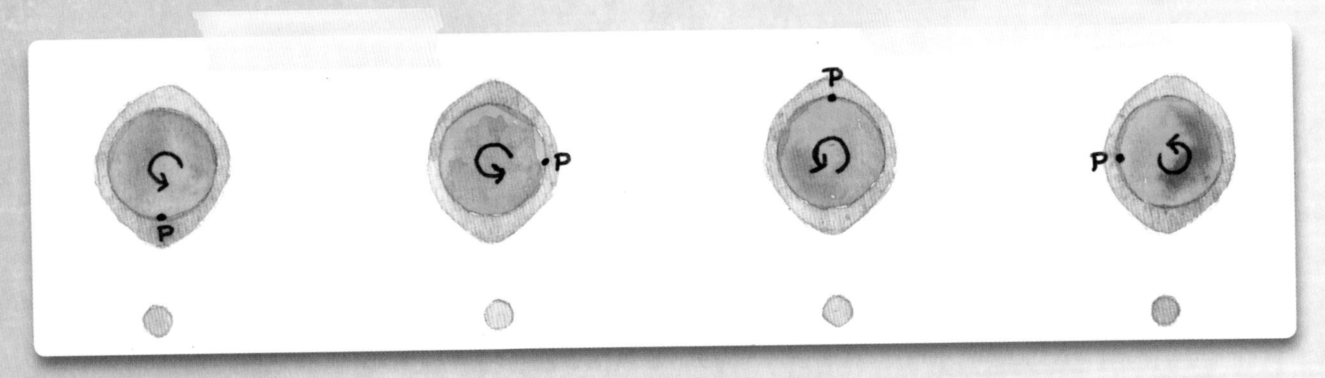

P（在地球4个位置上的转动）

随着地球每天的转动，P点上的人会看到海洋经历两次高潮和两次低潮。

当盆里的液体运动起来时，它来回波动，形成一个典型的运动周期。芬迪湾和缅因湾（两者相连）的水从一侧到另一侧来回波动的时间间隔与大西洋的12小时25分钟几乎是一样的。

想象一下，芬迪湾的水就像一个人在秋千上荡来荡去，大西洋的潮水好比另一个人向前推了荡秋千的人一把，这就增加了向芬迪湾前部流动的潮水。水域的长度和深度也会影响涨潮的高度，芬迪湾的涨潮可是世界上最高的！

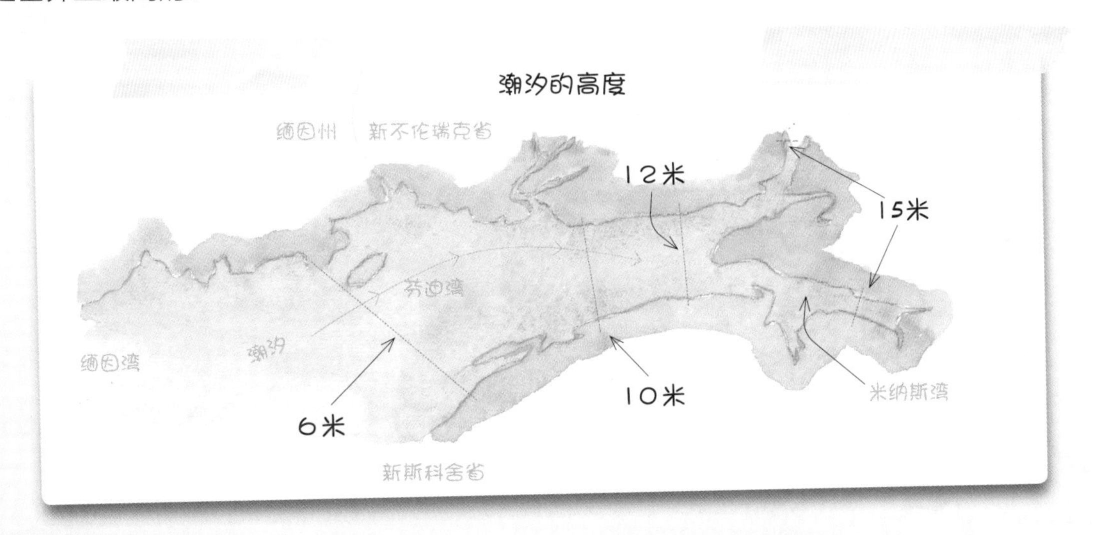

涌潮非常特别。潮水来时，与海湾或河水的自然水流相逆而上，潮水边缘形成的波浪就是涌潮。在这样的波浪上乘筏很好玩，尤其是在涨潮最高的时候。

秘密解开啦！

这么多的鸟怎么能在泥滩上找到足够的食物呢？

让我们走近它们仔细看一看，找一找答案吧。

芬迪湾的潮水退去之后，露出一大片红褐色的淤泥。淤泥中住着极小的泥虾，长9.5毫米，以**硅藻**和有机颗粒为食。它们会爬出U形洞穴寻找配偶。低潮时，没有了水的保护，这些虾很容易被饥饿的鸟儿吃掉。在理想条件下，芬迪湾1平方米的淤泥平均会有1至2万条虾，有时候甚至多达6万条！因为这些虾脂肪含量很高，吃了它们的鸟儿们在10至20天之内体重就可以翻一番。除了这里，鸟儿们再也找不到这么多高能量的食物，为它们从滨海诸省一直飞到南美的越冬之地做好准备。

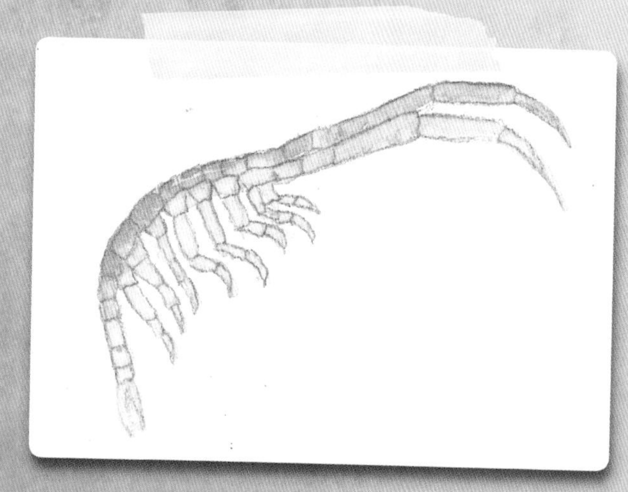

泥虾

U形洞穴

每年夏天，芬迪湾上游都会聚集大批从加拿大北方向南迁徙的水鸟，包括灰斑鸻、半蹼鹬、小滨鹬、白腰滨鹬、两种黄脚鹬和其他种类。数量最多的是半蹼滨鹬——世界上95%的半蹼滨鹬都在这些泥滩上！每年有两百多万的半蹼滨鹬穿越芬迪湾。当潮水到来淹没泥滩时，大量的鸟儿就沿着岸边栖息。稍有动静，它们就飞离岸边，这会耗费储存在身体里的宝贵能量，而它们需要这些能量迁徙到南美地区。

芬迪湾的泥滩是蠕虫、虾、螃蟹、蜗牛和更多生物的重要栖息地。一旦有什么因素导致泥虾数量减少，就会对水鸟产生灾难性的影响。

半蹼滨鹬

秘密解开啦！

荒野活动

瘿：找一个麒麟草瘿，冬天草木枯萎时最好找。如果瘿上有一个小洞，里面的昆虫就已经离开了。找一个没有洞的瘿，让大人帮忙切开，你应该能看到里面有一个很小的白色幼虫。观察完了，记得把幼虫和瘿放回原处。

龟形虫：找一些叶子上有洞的野牵牛花（田旋花），仔细观察，找一找小幼虫。动动你的手指，你应该能看到幼虫正朝你摇它的“钩子”呢。

过冬：在冬天，仔细观察树皮、树枝和树叶残片，寻找藏在里面过冬的昆虫、蛹或卵。

年轮：找一个树桩（要征得主人同意），数一数年轮，算出这棵树的年龄。也要看看窄年轮（环境恶劣）和宽年轮（环境适宜），还有虫害或火损。

地衣：在树干、岩石、墓碑和旧金属片上找一找，看看你能找到多少种（形状、颜色）不同的地衣。它们遍地都是！你可以利用网络通过名字来识别它们。

槭糖浆：如果你附近有一棵糖槭（要征得主人同意），到五金店买一根插管，让大人帮忙在树上钻一个孔，把插管插进去。在2月底或3月初收集一些树液（取决于天气——当晚上温度在零度以下、白天在零度以上时，槭树液开始在树内流动），尝尝甜不甜。熬一段时间（将会产生很多蒸汽）。记住，熬出一点糖浆就需要好多树液，因此不必担心精确不精确，只要把树液熬得稠一些就可以了。把糖浆涂在煎饼上，尽情享受甜甜的美味吧。

萤火虫：在温暖的夏夜，带一个闪光灯，学着你看到的闪光那样闪一闪。抓一些萤火虫，放到广口瓶里仔细看看，看完了记得把它们放了哟。

涨潮：如果你住得离大海很近，涨潮的时候可以去海滩上，用小石子或小棍子标记一下潮水的最高点和具体时间。第二天，在同一时间去海滩上，看看潮水这次涨到了哪里。

词汇表

形成层： 植物中的一层组织，位于木质部和韧皮部之间，由多层细胞组成，有不断分裂增殖的能力。

冷血： 冷血动物自身不产生热量，对周围的温度很敏感。

硅藻： 淡水或海水中的单细胞水藻。

休眠： 类似睡眠一样的状态，动物会偶尔醒来进食、排便。

酶： 一种有机体，能增加化学反应的速度。

冰冻线： 地下的一个临界点，冰冻不会穿透这个点。

冬眠： 动物在冬天的一种身体状态，所有的身体机能都下降，以保存能量，动物不会轻易醒来。

幼虫： 昆虫的胚胎在卵内发育完成后，从卵内孵化出来的幼小生物体。

哺乳动物： 最高等的脊椎动物，基本特点是靠母体的乳腺分泌乳汁哺育初生幼体。

变态： 一些动物在个体发育过程中发生在形状或结构上的主要变化。

小潮： 阴历月的最低潮，此时太阳和月亮成直角（90°）。

若虫： 不完全变态的昆虫，外形跟成虫相似，生殖器官发育不全。

韧皮部： 紧挨着树皮下面的筛管组织和韧皮纤维等，通过树液把叶子里的糖分（通过光合作用产生）输送到大树的其他部分。

光合作用： 植物或树木叶子中的叶绿素在阳光的照射下，把二氧化碳和水转化为有机物，并释放氧气的过程。

蛹： 昆虫由幼虫变为成虫的过渡状态。

插管： 插进糖槭里面的一个喷嘴，可以让树液滴进水桶里。

大潮： 当月亮和太阳在一条直线上的特殊时刻发生的高低潮。

共生： 两种有机物生活在一起，形成的一种互利关系（比如地衣）。

涌潮： 潮水来时，与海湾或河水的自然水流相逆而上，潮水边缘形成的波浪就是涌潮。

木质部： 由长形的木质细胞构成，有负责把水和无机盐从根部输送到树叶和其他部分的导管组织。冬末春初，导管把糖从根部输送到大树的其他部分。活导管叫作边材，较老的内部死导管叫作心材。

绿色印刷　保护环境　爱护健康

亲爱的读者朋友:

本书已入选“北京市绿色印刷工程——优秀出版物绿色印刷示范项目”。它采用绿色印刷标准印制，在封底印有“绿色印刷产品”标志。

按照国家环境标准（HJ2503-2011）《环境标志产品技术要求 印刷 第一部分：平版印刷》，本书选用环保型纸张、油墨、胶水等原辅材料，生产过程注重节能减排，印刷产品符合人体健康要求。

选择绿色印刷图书，畅享环保健康阅读！

北京市绿色印刷工程